国际建筑

Internationale Architektur

[德]瓦尔特·格罗皮乌斯●著
张耀●译

Walter Gropius

重庆大学出版社

目录

第二版前言

自第一版出版后，各工业发达国家的现代建筑艺术以惊人的速度沿本书提及的发展线向前推进。

当年刚为世人所知的知识如今已成为现实：日耳曼、斯拉夫和拉丁国家数不胜数的出版物中展现出的现代建筑的面貌在主流上是一致的。曾经风靡整个欧洲的哥特式、巴洛克式、文艺复兴建筑风格已成为过去时，伴随着国际技术的丰硕成果，我们这个技术时代的新建筑理念不可阻挡地占领了全世界。大众对于新建筑设计不断增长的兴趣清楚地彰显了新建筑的意义：对生命历程的构建。

第二版中增补了一些新插图，替换了一些旧版中的插图。

瓦尔特·格罗皮乌斯

1927年7月，德绍

前言

《国际建筑》是现代建筑艺术的图片集锦，意在以有限的篇幅概括性地展现工业发达国家现代建筑师们的作品，反映今日建筑艺术造型发展的历程。[1]

除了鲜明的个人和国别特色以外，这些精选的建筑作品还具有跨越国界的共同特征，即便是非专业人士也能一眼看出其中的相通之处。这种亲缘关系代表设计理念方面具有开创性意义的新方式，其代表人物遍布全球各个国家。

在过去一段时间，建筑艺术陷入了一种伤感的、美学上突出装饰性的格调，强调对大多来源于过去文化的题材、纹样和轮廓的外在运用，与建筑体不存在必然的内部联系。建筑由此沦为外在的、毫无生机的装饰模型的载体，而非一个有机的生命体，与先进技术、新型建材和全新构造之间不可割裂的联系也迷失在这个衰落过程中。仍保持着艺术家身份的建筑师并没有掌握技术的真谛，他们依赖于学术美学，变得疲累，受制于传统，与住房和城市设计脱节。这种反映在过去几十年里不断更替的各种“主义”中的形式主义似乎已经走到了发展之路的尽头，一种本质上全新的建筑思想同时在所有工业发达的国家生根发芽。一种充满生机的、根植于社会及生活的设计思想，意欲在人类设计的各个领域求得目标上的大同，越来越多的人在建筑领

1 为照顾非专业受众，编者仅选录了建筑外景。典型的鸟瞰图及内景将在以后的书籍中出版。

域认知到这种思想的出现和消亡。这种变更、深化的思想及其带来的新型技术手段导致了建筑设计的革新。它并不是凭空出现的，而是发源于建筑的本质，遵从于建筑本应实现的功能。自然原理认为，建筑本质决定了建筑技术，而建筑技术决定了建筑设计，过去的形式主义时代完全颠覆了这一原理，它遗忘了形式外在及其表现手段的本源。但是随着新的设计思想渐渐开始发展，一切又回归本源，那就是以物品的功能性为设计的最终目的，小到一件家具，大到一栋房屋，必定首先探索其本质。这种对建筑物本质的研究也触及了力学、静力学、光学和声学的交叉领域，与比例定律紧密相连。比例存在于精神世界，材料和构造只是它的载体，通过材料和构造，构想者的精神世界得以展现；比例与建筑的功能密切关联，表达出建筑的本质，赋予建筑实用价值以外的生命力。在众多同样经济的解决方案中——每一项建筑任务都存在许多不同的处理方法——艺术家在创作时根据个人感觉在所处时代的界限内选出适合自己的方案。这样一来，作品便承载了创作者的印记。但是，如果就此得出为了强调个人特色就可以不惜一切代价的结论显然是不对的。恰恰相反，作为我们这个时代的标志，形成统一世界观这个愿望要求把精神价值从个人的局限中解放出来，并将其升华为一种客观效果，而后才形成文化的外部构造上的统一。在现代建筑艺术中，个人与国家特色的客观化显而易见。除了大众和个人仍在遵从的自然边界以外，由全球交通和全球科技决定的现代建筑特征的统一性已经在各个工业发达的国家落地生根。建筑依然具有鲜明的国家特征，也依然带有鲜明的个人特征，但是个人—大众—人类这三个由小到大的同心圆结构已然形成。所以本书命名为：

“国际建筑”！

在观看本书的插图时，读者会想起：在工业和经济中对时间、空间、材料和资金的充分利用，从根本上决定了所有现代建筑有机体的外形构成因素——精确的外形、繁中有简，根据建筑体、街道和交通工具的功能区分建筑单元，局限于典型的基本形状及其序列和重复。通过内在规律构建我们周边的建筑物，不带有任何谎言和错误，通过建筑尺寸间的对立彰显自身的意义和目的，摒弃一切可有可无，掩盖绝对的形态，这些新创意日渐凸显。本书的建筑师们肯定了今日世界中的机械和车辆以及它们带来的速度，他们追求更加独特的构建手段，以求由表及里地克服地球惯性。

瓦尔特·格罗皮乌斯

彼得·贝伦斯（Peter Behrens），柏林附近的新巴贝尔斯贝格。
柏林德国电器工业公司（AEG）小型发动机工厂。镶砖结构。1912年。

彼得·贝伦斯，柏林附近的新巴贝尔斯贝格。
柏林德国电器工业公司涡轮机工厂。铁、玻璃、混凝土。1910年。

彼得·贝伦斯，柏林附近的新巴贝尔斯贝格。
柏林德国电器工业公司总装大厅。砖结构。1912年。

亨利·范·德·费尔德（Henry van de Velde），海牙。
科隆德国工厂联合会展览上的剧院。由三部分组成舞台。灰泥结构。1914年。

皮特鲁斯·贝尔拉格（P.Berlage），海牙。
阿姆斯特丹证券交易所庭院。砖结构。

瓦尔特·格罗皮乌斯，安哈尔特德绍。
科隆德国工厂联合会展览上的办公楼和厂房。铁、玻璃、灰砂砖。1914年。

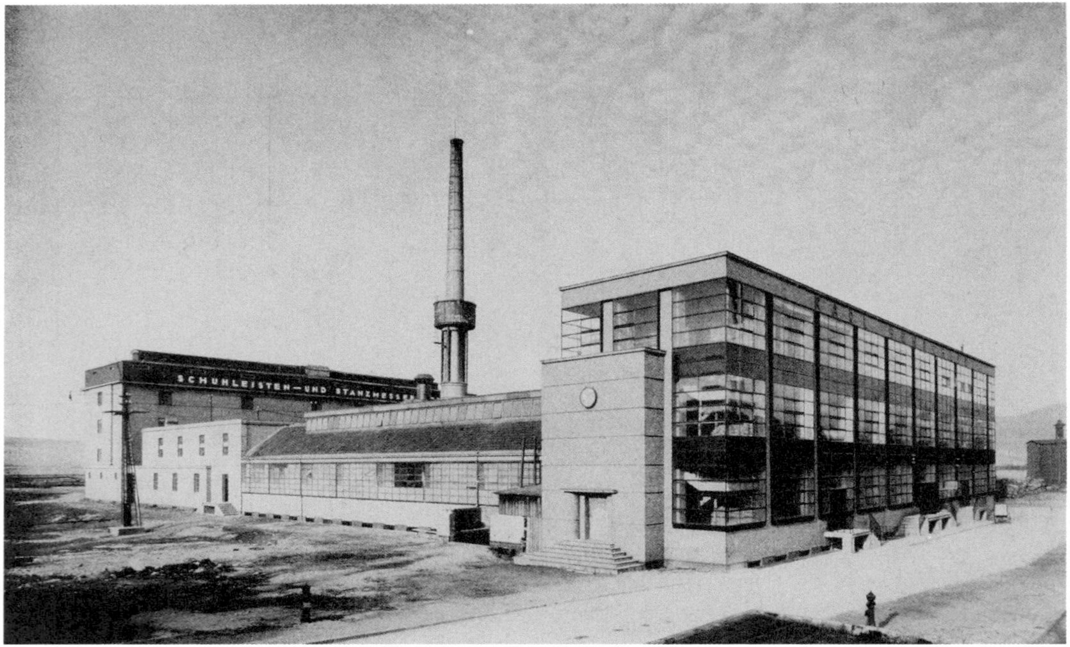

瓦尔特·格罗皮乌斯，安哈尔特德绍。
莱纳河畔的阿尔费尔德的鞋楦和冲压刀具厂。砖、玻璃、铁。1911年。

汉斯·波尔西（Hans Poelzig），柏林附近的波茨坦。
波兹南附近卢班的车间和超级磷化工厂。砖结构。1910年。

德累斯顿帝国铁路管理部高层办公楼。莱比锡主火车站进站口一侧。铁和玻璃。

保罗・梅波斯（Paul Mebes），柏林。
埃贝尔斯瓦尔德的炼铜厂。砖结构。1923年。

海因茨·施道夫雷根（H.Stoffregen），不来梅。
德尔门霍斯特油布厂（锚牌）氧化室。砖结构。1912年。

瓦尔特·格罗皮乌斯，安哈尔特德绍。
德绍包豪斯新楼。混凝土、铁、玻璃。1925/1926年。

汉内斯·迈耶（Hannes Meyer）和汉斯·魏特夫（Hans Wittwer），瑞士巴塞尔。
日内瓦国际联盟大楼（比赛草图）。
高层建筑（秘书处）：钢制骨架和铝制嵌板。大厅：混凝土骨架和玻璃。1927年。

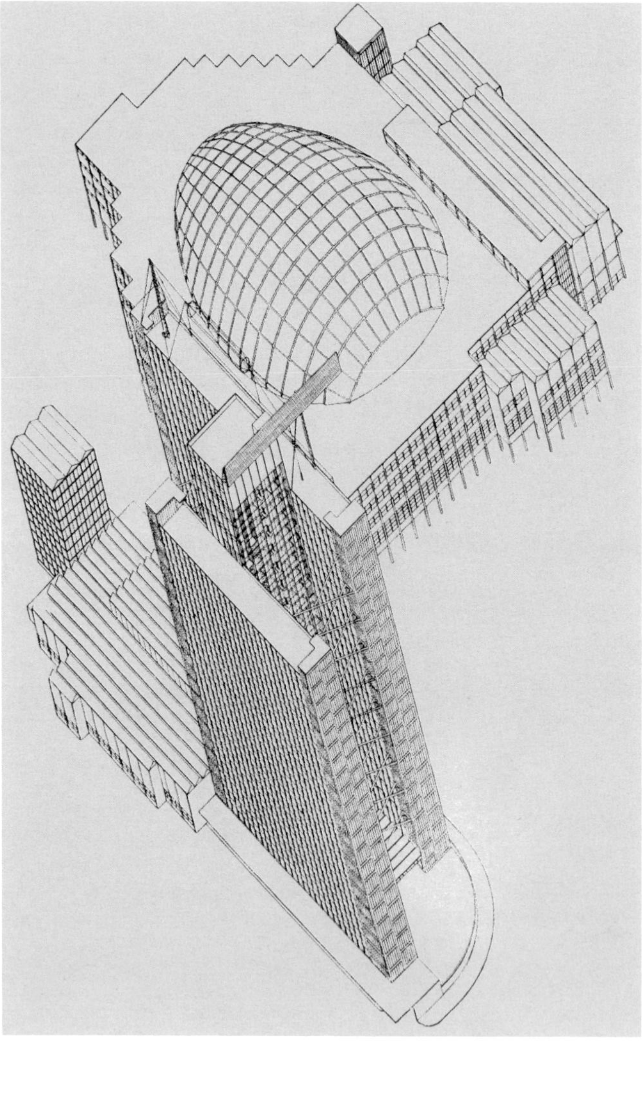

莫塞·金斯堡（M.Ginsburg）和W.弗拉基米洛夫（W.Wladimiroff），莫斯科。
市场大厅。1926年。

制版：“Horizont”

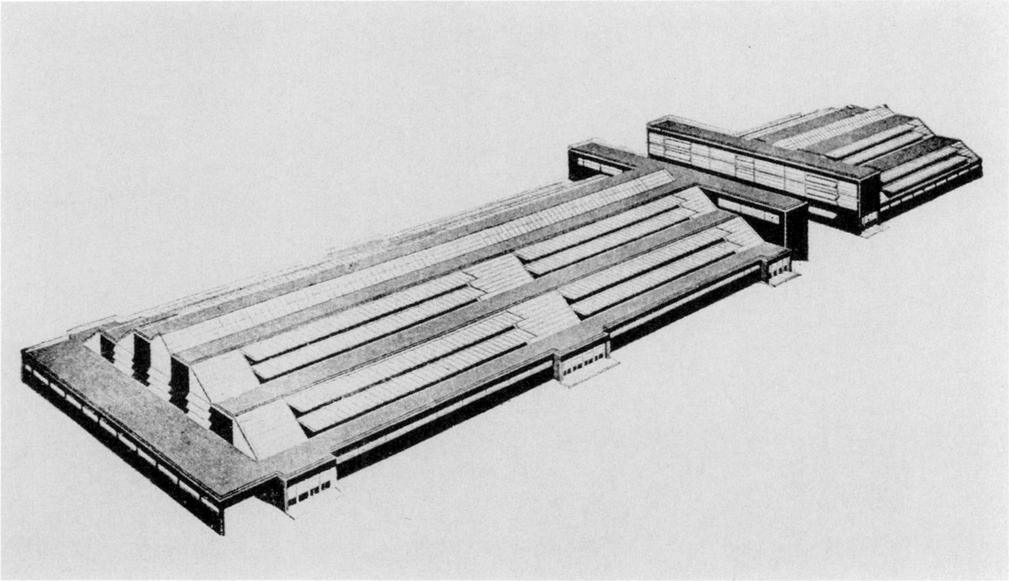

康斯坦丁·斯蒂潘诺维奇·梅尔尼科夫（K.S.Mielnikow）（俄罗斯）。
莫斯科苏哈列夫市场。木建筑。1924/1925年。

海因里希・柯西那（Heinrich Kosina），柏林。
柏林-滕珀尔霍夫中央机场模型。1924年。

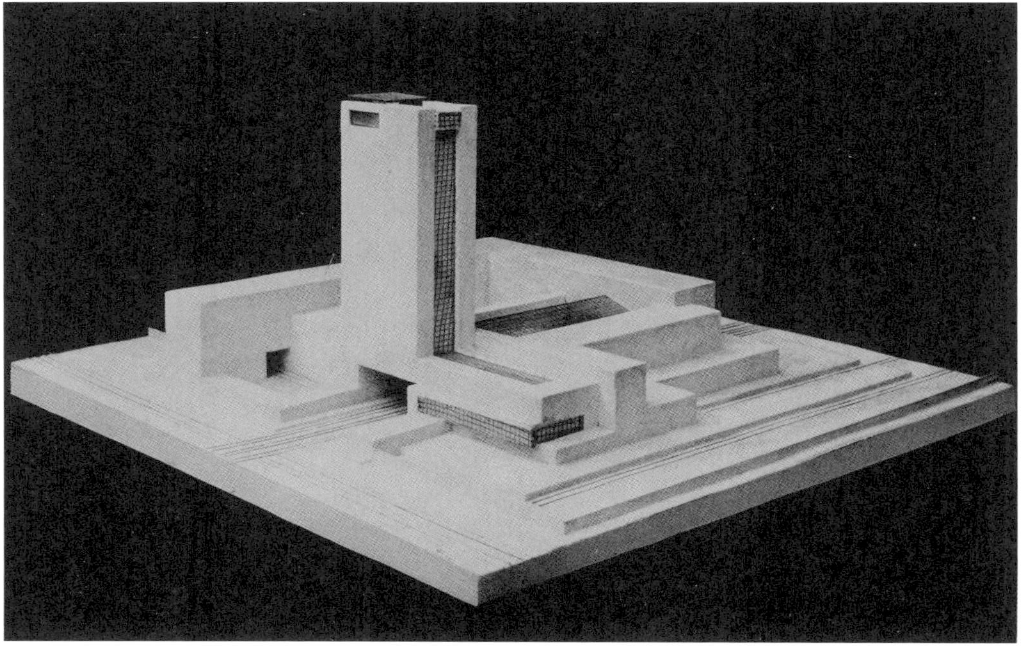

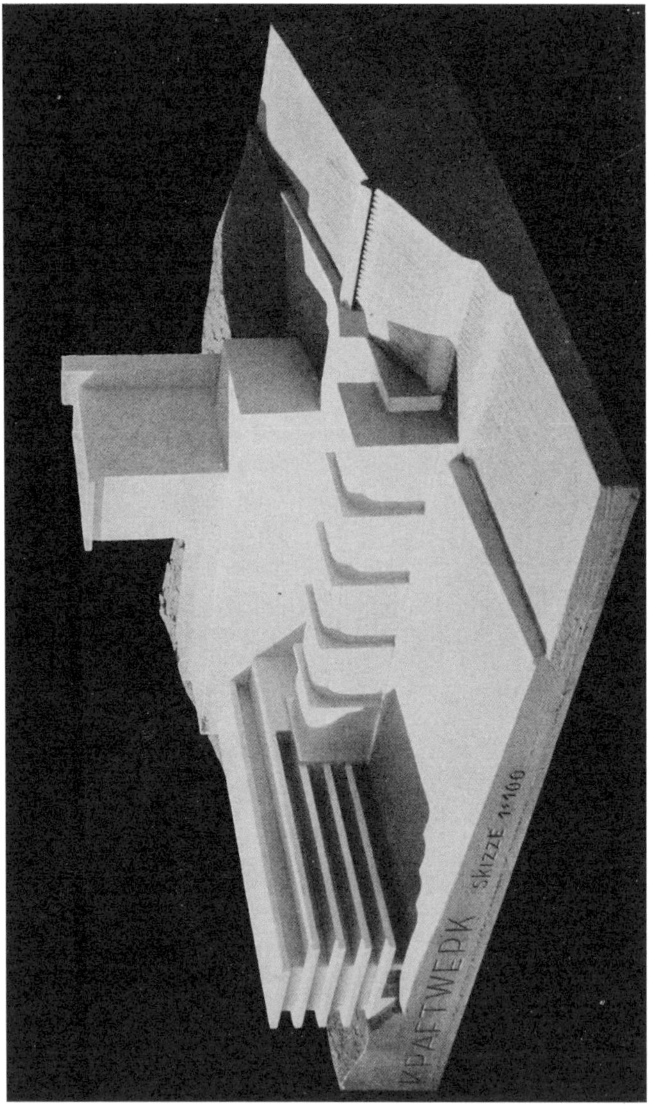

海因里希·柯西那，柏林。
发电厂模型。1925年。

025

卢克哈德和阿尔冯斯·安克尔兄弟（Brüder Luckhardt und Alfons Anker），柏林。
可停放约1000辆汽车的大型停车楼模型。1924年。

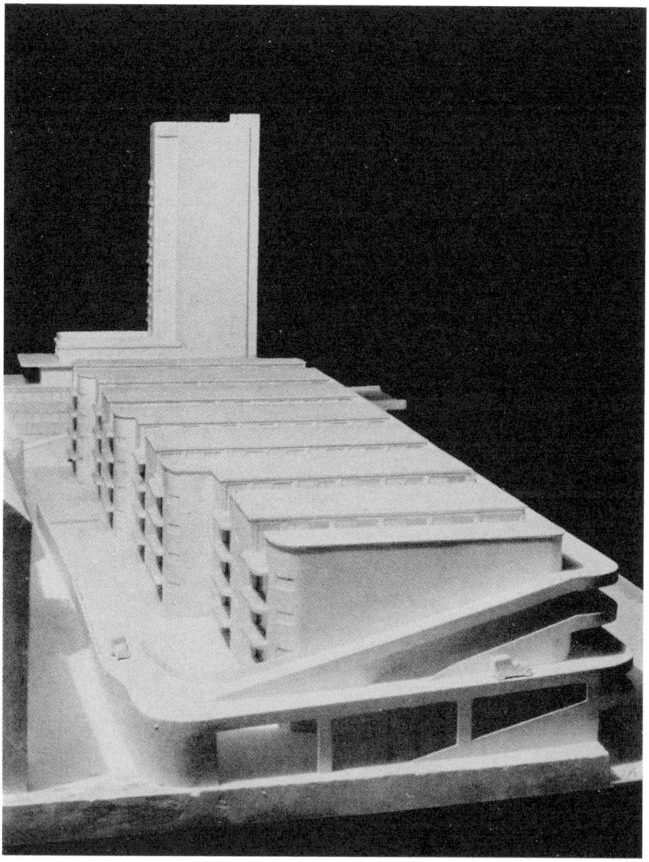

理查德·多克（Richard Döcker），斯图加特。
一座商用大楼草图。1921/1922年。

制版：Wasmuth's Monatshefte

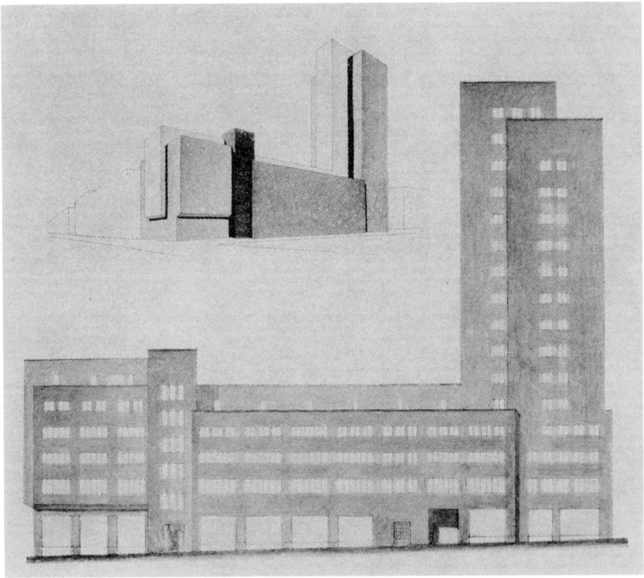

密斯·凡·德·罗（Mies van der Rohe），柏林。
钢筋混凝土和玻璃建造而成的办公大楼（草图）。1922年。

瓦尔特·格罗皮乌斯和阿道夫·迈耶（Adolf Meyer），安哈尔特德绍。
耶拿城市剧院（改建）。灰泥结构。1922年。

029

韦司宁（Vesnin），莫斯科。
莫斯科“劳动之家”草图。1923年。

制版：“Bauwelt”

阿尔弗雷德·盖尔霍恩（Alfred Gellhorn）和马丁·克瑙特（Martin Knauthe），哈雷。
位于哈雷的办公大楼。1922年。

031

马特·斯达慕（Mart Stam），鹿特丹。
商用大楼。阿姆斯特丹罗金格拉赫特填海项目。钢筋混凝土。1926年。

制版：阿姆斯特丹“i10”

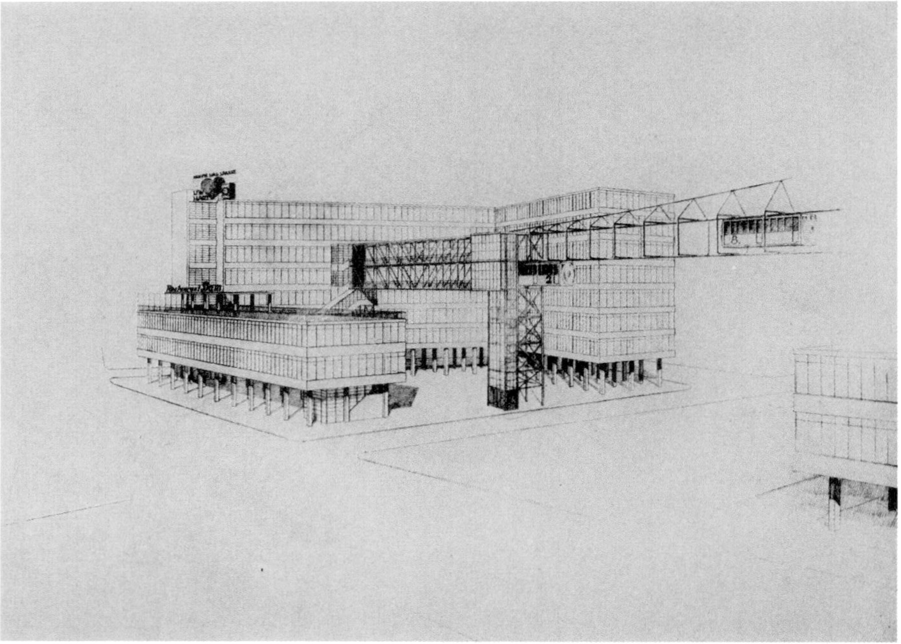

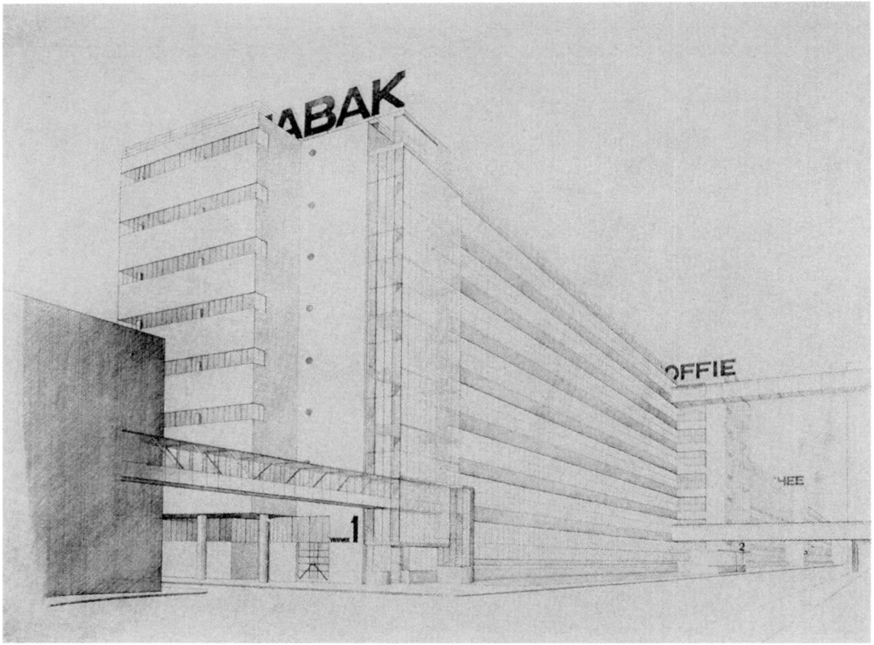

布林克曼和凡・德・乌鲁格特（Brinkman & Van der Vlugt）建筑公司合作，鹿特丹。
工厂。混凝土、铁、玻璃。1926年。

制版：阿姆斯特丹“i10”

埃瑞许·孟德尔松（Erich Mendelsohn），柏林。
弗里德里希·施泰因贝格帽厂印染大楼，位于柏林附近的卢肯瓦尔德。
钢筋混凝土屋架、砖墙、油毛毡屋顶。1921/1923年。

埃瑞许·孟德尔松和埃瑞许·拉塞尔（Erich Laaser），柏林。
迈尔－考夫曼纺织厂股份公司（改建），位于西里西亚省格武希察。混凝土结构。1922/1923年。

制版：Wasmuth's Monatshefte

屋顶带有汽车行车道的都灵（意大利）菲亚特汽车工厂。钢筋混凝土。

屋顶带有汽车行车道的都灵（意大利）菲亚特汽车工厂。行车道弯道局部视图。

弗莱西奈（Freyssinet），法国奥利。
奥利附近的飞船车间。钢筋混凝土。

制版：Dreimasken
出自贝恩的《现代功能性建筑》

E. 诺威尔特（E.Norwert），莫斯科。
发电厂。混凝土、铁、玻璃。1926年。

佩雷·弗雷莱（Perret Frères），巴黎。
巴黎《H.伊斯德尔》杂志工作大厅。钢筋混凝土。1919年。

布鲁诺·陶特（Bruno Taut），柏林。
马格德堡家畜养殖场内景。钢筋混凝土结构。1922年。

041

弗兰克·劳埃德·赖特（Frank Lloyd Wright），芝加哥。
纽约布法罗拉金公司行政大楼。砖结构。1933年。

位于美国明尼阿波利斯的沃什本·克罗斯比公司粮仓。钢筋混凝土。约1910年。

043

伯纳德·佰福特（B.Bijvoet）和约翰内斯·杜伊克（J.Duiker），荷兰赞德沃特。
“芝加哥论坛”比赛草图。1922年。

瓦尔特·格罗皮乌斯与阿道夫·迈耶，安哈尔特德绍。
“芝加哥论坛”比赛草图。铁、玻璃和陶瓦。1922年。

044

045

克努特·伦贝格-霍尔姆（Knud Lönberg-Holm），丹麦赫勒鲁普。
“芝加哥论坛”比赛草图。钢铁骨架。彩色。前视图。1922年。

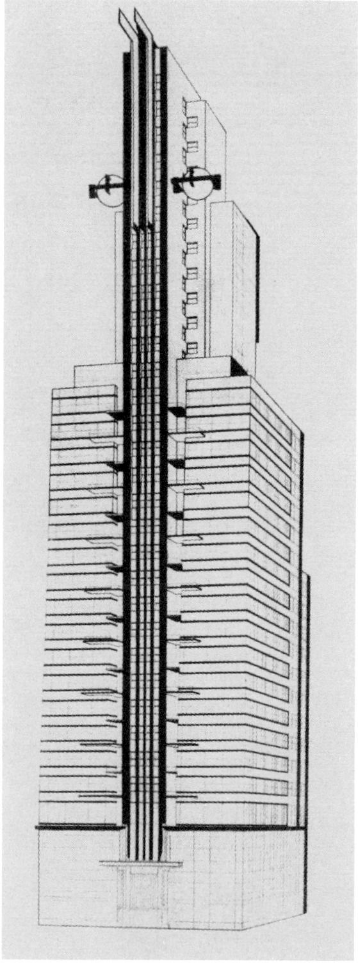

密斯·凡·德·罗，柏林。
铁和玻璃建成的高楼模型。1921年。

046

047

马克斯·陶特（Max Taut），柏林。
“芝加哥论坛”比赛草图。1922年。

理查德·J.诺伊特拉（Richard J.Neutra），奥地利。
商用大楼。1925年。

制版：Julius Hoffmann，斯图加特
出自诺伊特拉的《谁建造了美国？》

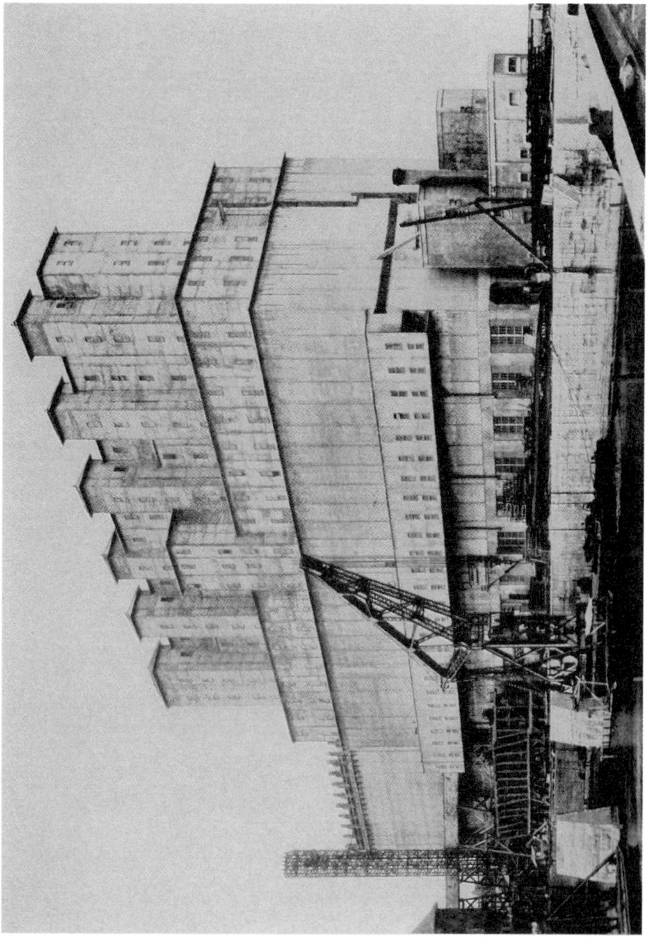

美国蒙特利尔。带电梯的粮仓。约1910年。

南美洲的粮仓。约1910年。

托尼·加尼尔（Tony Garnier），里昂。
日光疗法亭阁。

制版：Dreimasken
出自贝恩的《现代功能性建筑》

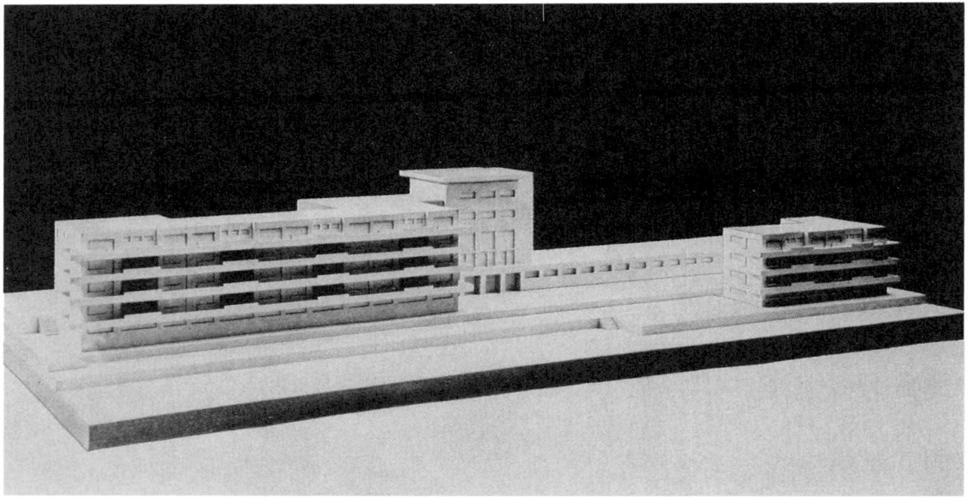

瓦尔特·格罗皮乌斯与阿道夫·迈耶，安哈尔特德绍。
埃尔朗根城堡山国际哲学家之家模型。1923年。

加布里尔·古弗雷吉安（Gabriel Guevrekian）（波斯），巴黎。
汽车旅馆模型。钢筋混凝土。水平推拉窗。1923年。

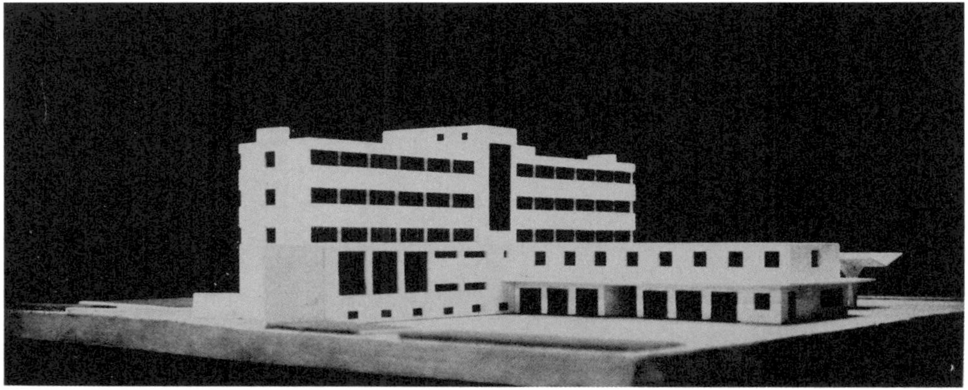

特奥・凡・杜斯伯格（Theo van Doesburg）和C.凡・艾斯特伦（C. van Essteren），荷兰。
混凝土、铁、玻璃建造而成的住宅模型。东侧。1923年。

055

亚瑟·孔恩（Arthur Korn），柏林。
海法商业区比赛模型（中心建筑）。铁、钢筋混凝土、玻璃。1923年。

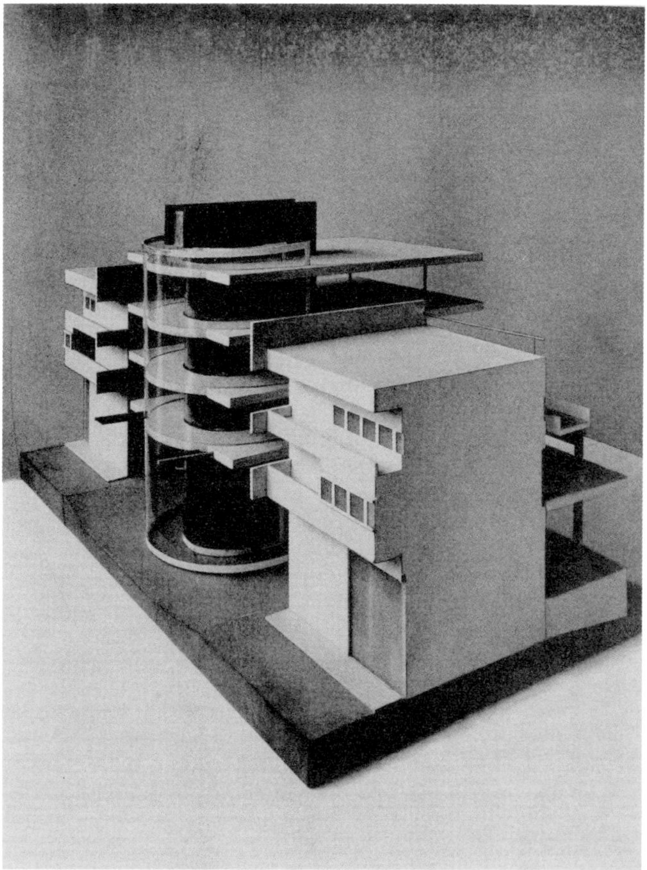

雨果·赫灵（Hugo Häring），柏林。
里约热内卢"日耳曼"俱乐部新楼草图。1923年。

W.M.都多克（W.M.Dudok），荷兰希尔弗瑟姆。
希尔弗瑟姆附近博世得里特的学校。砖结构。1921/1922年。

荷兰卡特韦克。沙丘屋“阿勒贡达”改建。1917年。
设计师：M.卡默林·欧纳斯（M.Kamerlingh Onnes）。
建筑师：J.J.P.奥德（J.J.P.Oud），鹿特丹。

瓦尔特·格罗皮乌斯，安哈尔特德绍。
德绍技师住宅区鸳鸯楼。1925/1926年。

瓦尔特·格罗皮乌斯，安哈尔特德绍。
德绍技师住宅区鸳鸯楼。1925/1926年。

061

阿道夫·路斯（Adolf Loos），维也纳。
住宅楼模型。1924年。

杰罗米尔·克雷卡（Jaromir Krejcar），布拉格。
住宅楼项目。1926年。

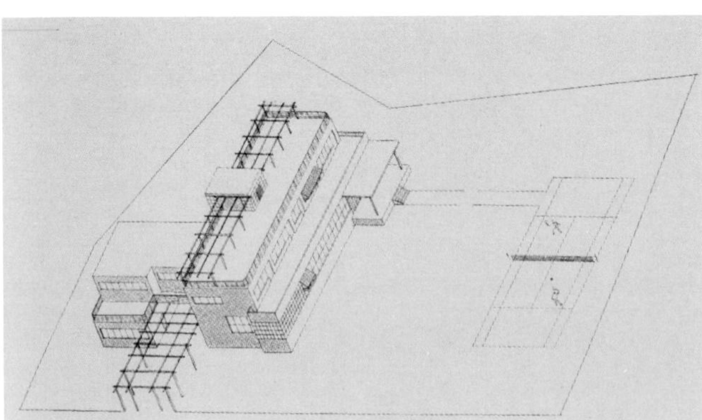

杰罗斯拉夫·弗拉格纳（Jaroslaw Fragner），布拉格。
乌茨霍洛德疗养院草图。混凝土。1922年。

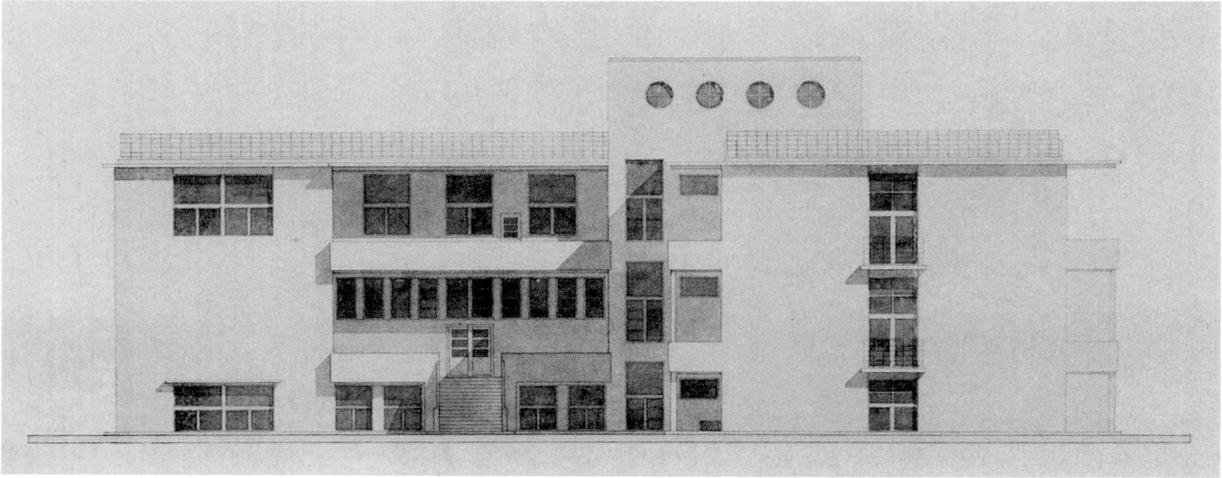

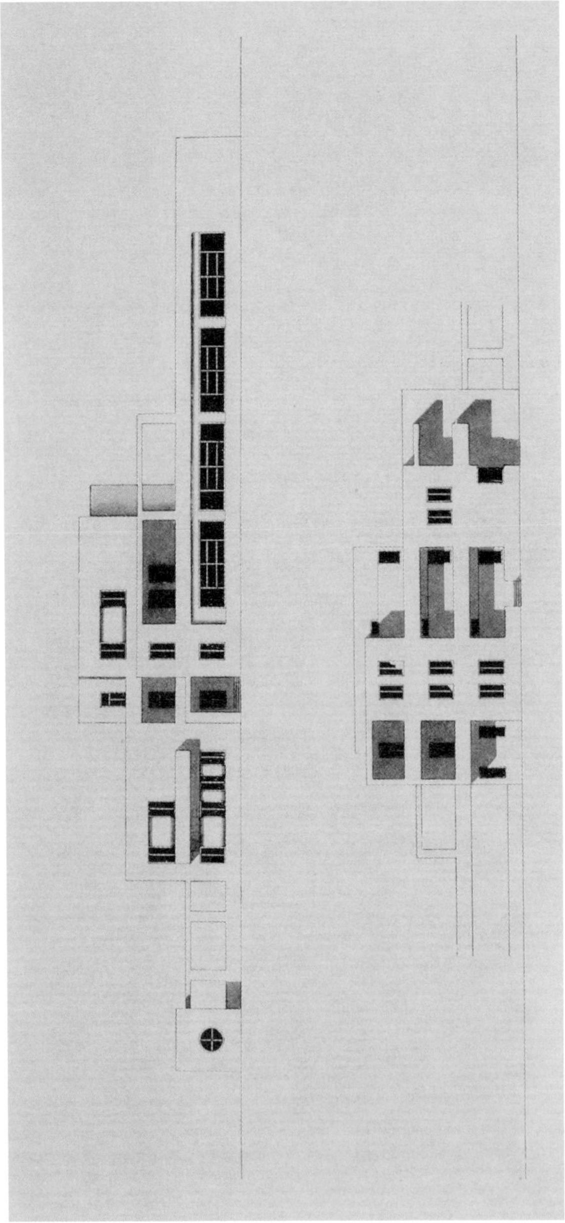

韦特·奥贝特尔（Vit Obrtel），布拉格。
混凝土住宅楼草图。1922年。

弗兰克·劳埃德·赖特，芝加哥。
芝加哥城市住宅楼。南侧。1906年。

密斯·凡·德·罗，柏林。
钢筋混凝土乡村别墅模型。1923年。

067

埃瑞许·孟德尔松，柏林。
卡洛琳广场鸳鸯楼，位于柏林西区。灰浆墙面和油漆粉刷的内壁墙砖。1922年。

卡尔·施耐德（Karl Schneider），汉堡。
迈克尔森之家，位于汉堡附近易北河畔的法尔肯施泰因。石灰浆粉刷的砖墙。1923年。

069

瓦尔特·格罗皮乌斯，安哈尔特德绍。
预制装配式房屋模型。1923年。

瓦尔特·格罗皮乌斯与阿道夫·迈耶，安哈尔特德绍。
沙滩上的海滨别墅模型。1924年。

071

勒·柯布西耶（Le Corbusier）和皮埃尔·让内雷（Pierre Jeanneret），巴黎。
巴黎附近沃克雷松的乡村别墅。1923年。

勒·柯布西耶和皮埃尔·让内雷，巴黎。
巴黎工作室。1923年。

G.里特费尔德（G.Rietveld），荷兰乌得勒支。
乌得勒支住宅楼。混凝土、铁、玻璃。1924/1925年。

G.里特费尔德，荷兰乌得勒支。
乌得勒支住宅楼。混凝土、铁、玻璃。1924/1925年。

075

法尔卡斯·莫尔纳（Farkas Molnár），魏玛。
单户住宅草图。1923年。

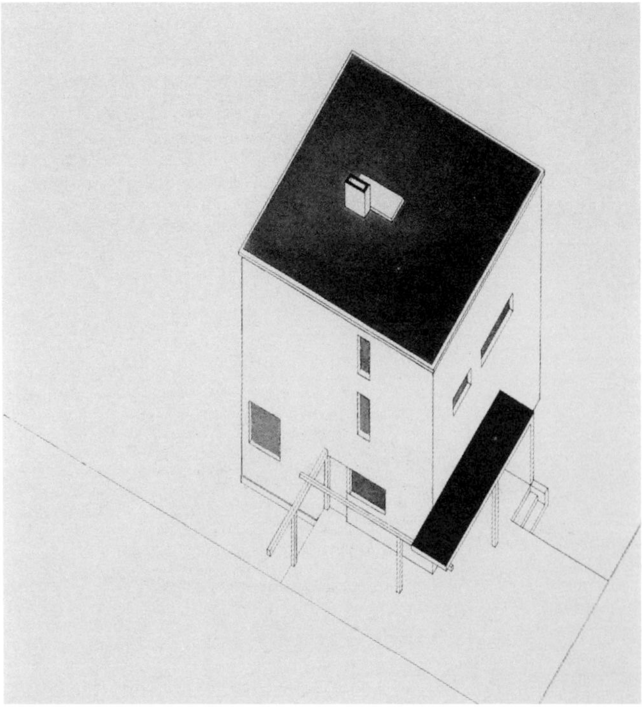

马特·斯达慕（Mart Stam），鹿特丹。
（可扩建的）住宅草图。标准化混凝土框架系统。1925年。

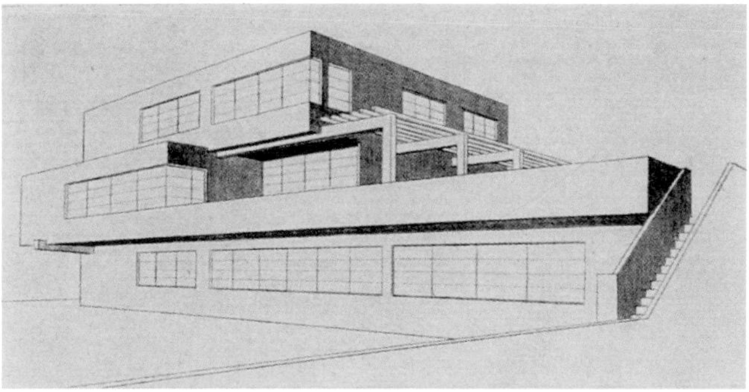

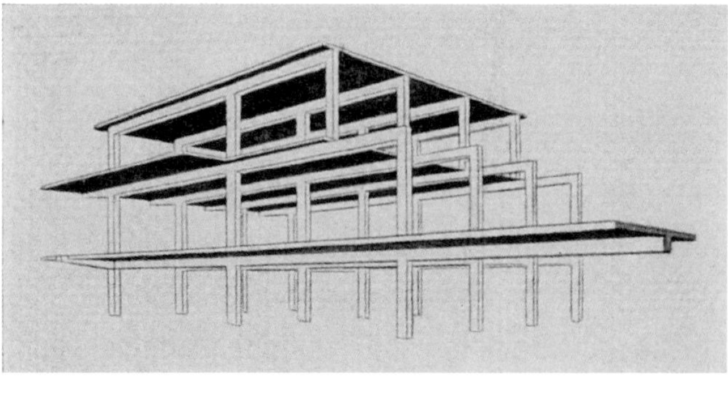

077

格奥尔格·穆赫（Georg Muche）和理查德·保利克（Richard Paulick）。
托尔顿的钢铁屋。1926/1927年。

制版：石头、木材、铁

格奥尔格·穆赫和魏玛包豪斯建筑系合作。
国立包豪斯学校实验房。单户住宅。入口一侧。矿渣混凝土结构。1923年。

079

弗雷德·弗尔巴特（Fred Forbat）（匈牙利），柏林。
住宅草图。1924年。

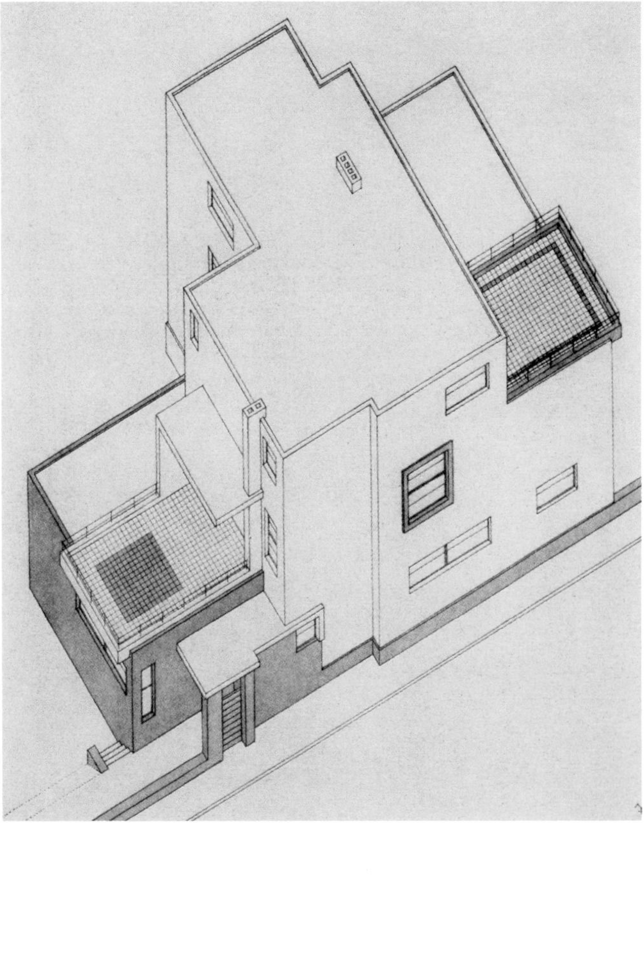

勒·柯布西耶和皮埃尔·让内雷，巴黎。
沃克雷松一处住宅的入口。1923年。

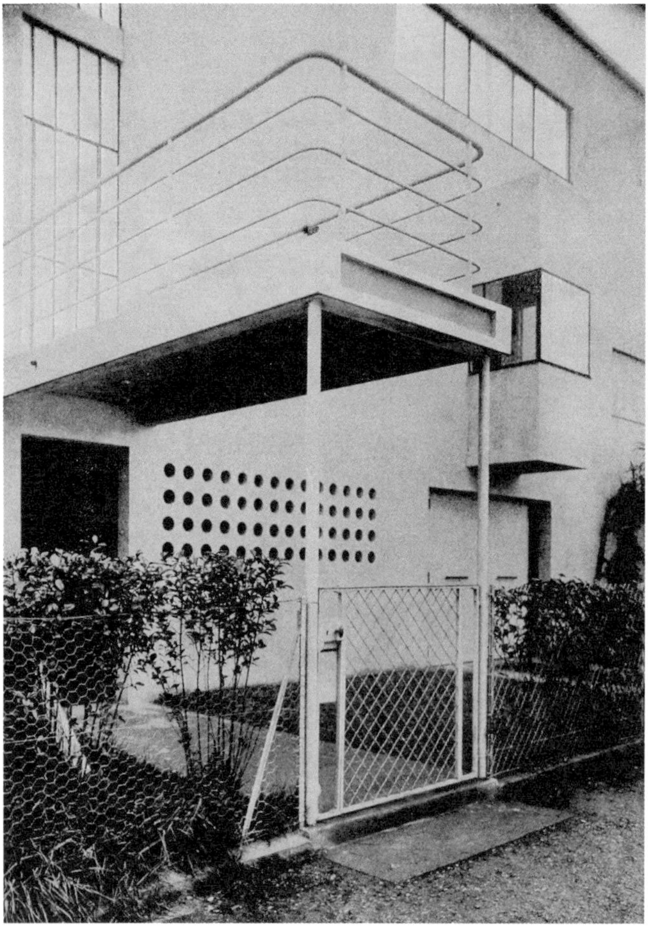

081

勒·柯布西耶和皮埃尔·让内雷，巴黎。
波尔多附近佩萨克住宅区。1925/1926年。

勒·柯布西耶和皮埃尔·让内雷，巴黎。
波尔多附近佩萨克住宅区。1925/1926年。

083

勒·柯布西耶和皮埃尔·让内雷，巴黎。
波尔多附近佩萨克住宅区。1925/1926年。

格奥尔格·穆赫，安哈尔特德绍。
城市住宅草图。钢筋混凝土。1924年。

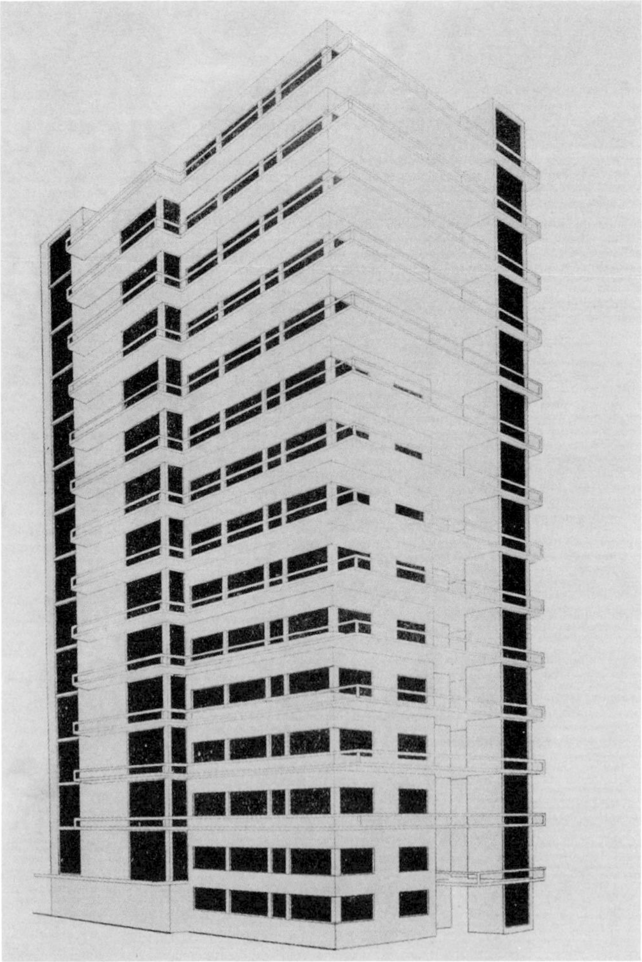

勒·柯布西耶和皮埃尔·让内雷，巴黎。
大型出租房草图。1923年。

卡尔·菲格（Karl Fieger），安哈尔特德绍。
鸳鸯楼草图。1924年。

087

马塞尔·布劳耶（Marcel Breuer）（匈牙利），安哈尔特德绍。
小型多层出租公寓模型。1924年。

马塞尔·布劳耶，安哈尔特德绍。
钢铁屋。1926年。

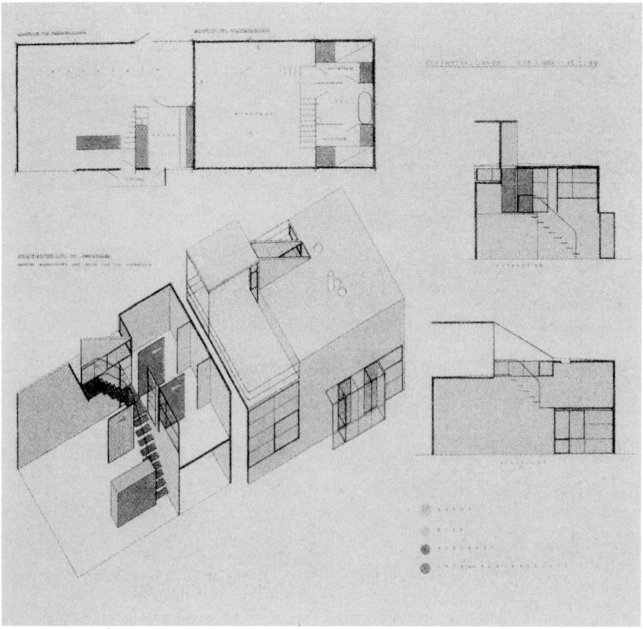

089

J.J.P.奥德，鹿特丹。
荷兰角港住宅区。1926/1927年。

J.M.凡・哈德菲尔德（J.M. van Hardeveld），阿姆斯特丹。
混凝土空心砌块建造的鹿特丹工人住宅。1921年。

J.B.凡・格赫姆（J.B.Van Loghem），荷兰哈勒姆。
哈勒姆中产阶级单户住宅。砖结构。1920/1921年。

J.J.P.奥德，鹿特丹。
鹿特丹唐德路大众住宅区庭院。砖结构。1920年。

J.J.P.奥德，鹿特丹。
永久大众住宅楼。鹿特丹奥德－马特纳西住宅区。带有商店和行政楼的广场。灰泥结构。1922年。

J.J.P.奥德，鹿特丹。
鹿特丹唐德路大众住宅区。砖结构。1920年。

约翰·维路斯（Jan Wils），荷兰弗尔堡。
海牙“达尔与贝格”住宅区住宅楼群。轻质混凝土。

瓦尔特·格罗皮乌斯，安哈尔特德绍。
德绍附近的道尔顿包豪斯住宅区。矿渣混凝土建造的五室预制装配式房屋。1926年。

维克多·布尔日瓦（Victor Bourgeois），布鲁塞尔。
布鲁塞尔附近的“现代城”住宅区住宅楼群。1922年。

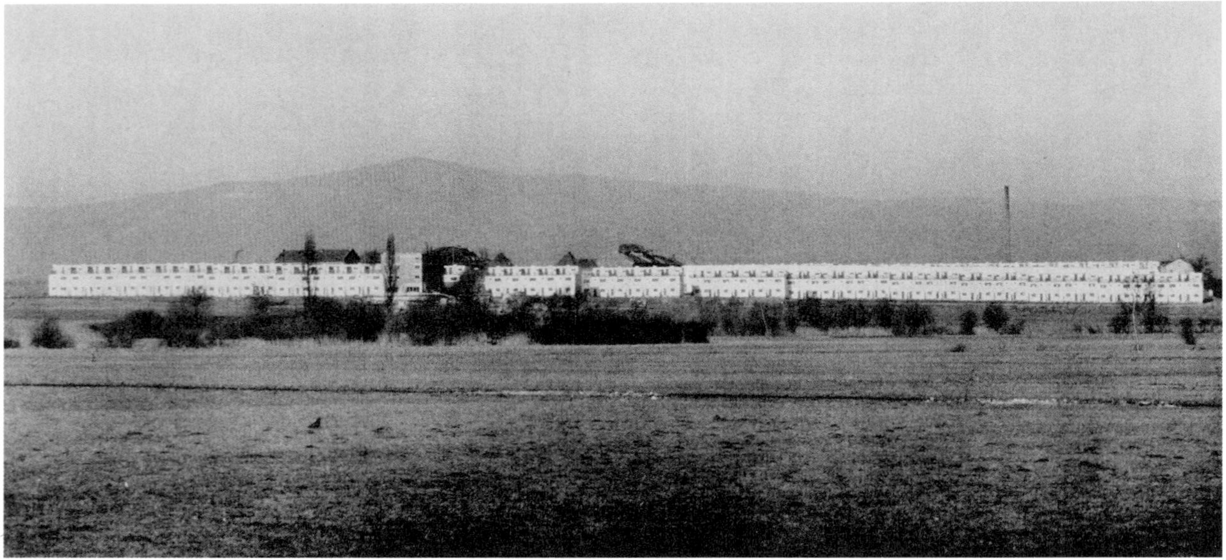

厄内斯特·梅（Ernst May）——考夫曼（KAUFMANN）员工，美茵河畔法兰克福。
美茵河畔法兰克福附近的布劳恩海姆住宅区。1926年。

路德维希·西尔伯斯海姆（Ludwig Hilbersheimer），柏林。
出租屋住宅区草图。1924年。

魏玛国立包豪斯建筑系（系主任瓦尔特·格罗皮乌斯）。
预制装配式房屋模型。房间数不一的各种户型。基本思想：标准化和变种的有机统一。1921年。

法尔卡斯·莫尔纳（Farkas Molnár）（匈牙利），魏玛。
小型联排多层住宅模型。1923年。

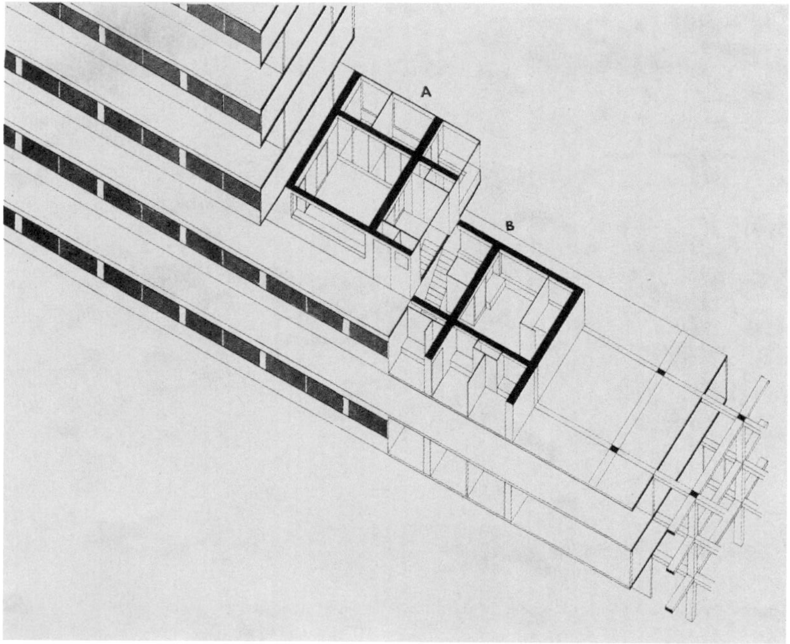

勒·柯布西耶，巴黎。
城市草图。内城区。中央火车站广场。1922年。

勒·柯布西耶，巴黎。
城市草图。住宅区。1922年。

勒·柯布西耶，巴黎。
城市草图。城市入口。1922年。

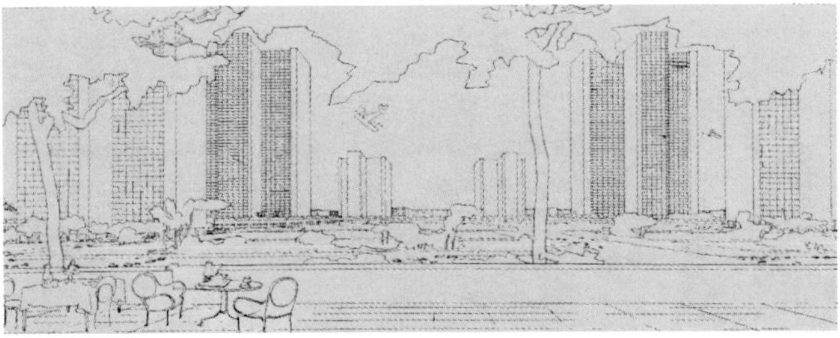

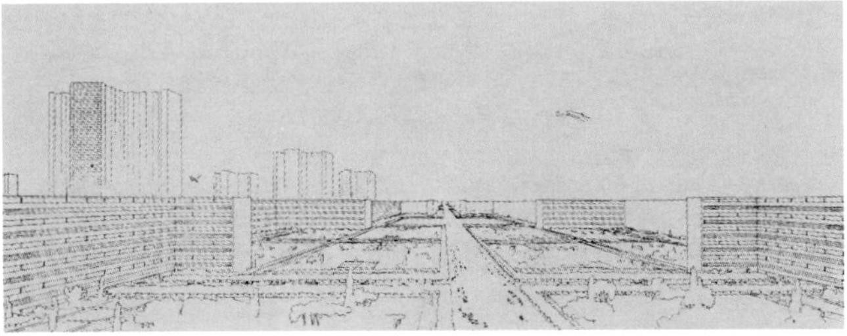

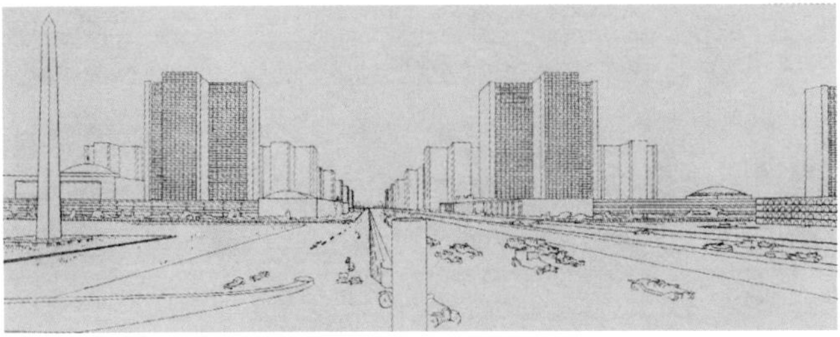

纽约曼哈顿半岛鸟瞰。
尽管未加规划，风格形式杂乱，但众多简约的摩天大楼依旧能给人现代化的城市印象。天然的空间短缺造成了城市的纵向发展。

图书在版编目（CIP）数据

国际建筑 /（德）瓦尔特・格罗皮乌斯著；张耀译．-- 重庆：重庆大学出版社，2019.1

ISBN 978-7-5689-0349-3

Ⅰ．①国…　Ⅱ．①瓦…②张…　Ⅲ．①建筑设计—作品集—世界　Ⅳ．①TU206

中国版本图书馆CIP数据核字（2018）第264557号

国际建筑

GUOJI JIANZHU

（德）瓦尔特・格罗皮乌斯　著

张耀　译

责任编辑　李佳熙　　　责任校对　刘志刚

责任印刷　张　策　　　装帧设计　刘　伟

重庆大学出版社出版发行

出版人：易树平

社　址：重庆市沙坪坝区大学城西路21号

电　话：（023）88617190　88617185（中小学）

传　真：（023）88617186　88617166

网　址：http://www.cqup.com.cn

全国新华书店经销

印　刷：天津图文方嘉印刷有限公司

开本：880mm × 1230mm　1/32　印张：3.375　字数：65千

2019年1月第1版　2019年1月第1次印刷

ISBN 978-7-5689-0349-3　定价：38.00元